Aaron Musa

O conceito de edifícios verdes na Nigéria

Aaron Musa

O conceito de edifícios verdes na Nigéria

Promoção de benefícios ambientais e económicos através da conceção de edifícios ecológicos

ScienciaScripts

Cover image: www.ingimage.com

This book is a translation from the original published under ISBN 978-620-7-81129-8.

Publisher:
Sciencia Scripts
is a trademark of
Dodo Books Indian Ocean Ltd. and OmniScriptum S.R.L publishing group

120 High Road, East Finchley, London, N2 9ED, United Kingdom
Str. Armeneasca 28/1, office 1, Chisinau MD-2012, Republic of Moldova, Europe
Printed at: see last page
ISBN: 978-620-7-96794-0

O conceito de edifícios verdes na Nigéria

Por

Engr. Musa, A.E.

DEDICAÇÃO

A Deus, por me ter guiado em tempos de desafios e incertezas académicas, por me ter reconduzido ao sucesso e à aceitação, dedico este trabalho a ti, pai eterno.

RECONHECIMENTO

Gostaria de expressar a minha sincera gratidão à Engr. Dra. (Sra.) Ngozi Kayode-Ojo pelo seu amor inabalável, apoio e orientação inestimável ao longo da jornada de conclusão deste trabalho. As suas palavras de encorajamento têm sido uma fonte constante de motivação e a sua ajuda tem sido fundamental para dar forma a este projeto.

A sua dedicação à orientação e a sua crença nas minhas capacidades fizeram realmente a diferença. Estou profundamente grato pela sua bondade, sabedoria e fé inabalável no meu potencial.

Engr. Musa, A.E.

RESUMO

Com o aumento da urbanização e a intensificação das preocupações ambientais, o imperativo de práticas de construção sustentáveis nunca foi tão premente. Este documento investiga o domínio das práticas de construção ecológica, com especial incidência no contexto nigeriano. O seu objetivo é explorar, avaliar e defender metodologias de construção sustentáveis e amigas do ambiente, contribuindo assim para a agenda mais ampla da sustentabilidade global. Apresenta uma avaliação abrangente das práticas de construção ecológica, efectuada na paisagem urbana dinâmica de Warri, Estado do Delta, Nigéria. A sua força provém de uma extensa pesquisa de literatura relevante e de uma investigação no local no Centro de Desenvolvimento de Tecnologia Apropriada (ATED) em Warri, servindo de base para uma análise holística. Foi elaborado um projeto-modelo pormenorizado de um edifício residencial ecológico com 3 quartos, que engloba os princípios fundamentais, as metodologias e as tecnologias de ponta associadas à construção sustentável. Do ponto de vista ambiental, os edifícios verdes apresentam reduções notáveis no consumo de energia, contribuindo para a diminuição das emissões de gases com efeito de estufa e para uma gestão responsável dos recursos hídricos. Além disso, adoptam materiais de construção sustentáveis, minimizando o esgotamento de recursos e a produção de resíduos. Do ponto de vista económico, os investimentos iniciais mais elevados em tecnologias ecológicas manifestam-se como decisões prudentes a longo prazo, evidenciadas por reduções substanciais dos custos operacionais e por uma potencial valorização dos imóveis. Estes benefícios financeiros são ampliados à medida que os custos da energia aumentam e os regulamentos ambientais se tornam mais rigorosos. Os edifícios ecológicos dão prioridade à saúde e ao bem-estar dos ocupantes, recorrendo a soluções de engenharia avançadas para melhorar a qualidade do ambiente interior. Este enfoque melhora significativamente a qualidade do ar, o conforto térmico e o acesso à luz natural, elevando, em última análise, a qualidade de vida e a produtividade dos ocupantes.

ÍNDICE DE CONTEÚDOS

ACRÓNIMOS

ATED - Appropriate Technology Enabled Development

BASF - Badische Anilin- und Sodafabrik

BRE - The Building Research Establishment

BREEAM - Building Research Establishment Environmental Assessment Methodology

COVID-19 - Corona Virus Disease 2019

GB - Green Building

GBCI - Green Business Certification Inc

HVAC - Heating, Ventilation, and Air Conditioning

LEED - Leadership in Energy and Environmental Design

MHUD - Ministry of Housing and Urban-Rural Development

PIND - Partnership Initiative in The Niger Delta

UK - United Kingdom

US - United States

USGBC - United State Green Building Council

WBDG - Whole Building Design Guide.

WHS - World Health Statistics

WolrdGBC - **Wolrd Green Building Council**

1.0 INTRODUÇÃO

Nas próximas décadas, espera-se que a Nigéria registe um aumento significativo na construção de edifícios ecológicos ou sustentáveis, espelhando a tendência crescente no sector da construção do país para estruturas de elevado desempenho. As operações de construção sustentável esforçam-se por evitar o esgotamento de energia, água e matérias-primas, ao mesmo tempo que atenuam os danos ambientais ao longo da vida útil das instalações e infra-estruturas (Nordic African Research Institute, 2019). A Nigéria está a adotar progressivamente sistemas eficazes de gestão de resíduos, utilizando materiais de construção renováveis e optimizando as instalações de conceção de projectos para alcançar a sustentabilidade biofísica (Nwokoro e Onukwube, 2011).

Para compreender a necessidade de práticas de construção sustentável na Nigéria, é imperativo explorar a paisagem predominante dos edifícios convencionais, que têm sido historicamente a pedra angular do desenvolvimento no país. As actividades humanas, em particular na construção, exercem uma enorme pressão sobre o ambiente, agravando numerosos problemas ambientais (Celik et al., 2013). Os métodos de construção convencionais geram resíduos substanciais, consomem grandes quantidades de energia e de recursos naturais e apresentam frequentemente necessidades energéticas mais elevadas devido a sistemas desactualizados e a práticas ineficientes (Swapinil, et al., 2022).

Os desafios colocados pelos edifícios convencionais são notoriamente evidentes na sua tendência para gerar resíduos e emissões nocivos, contribuindo significativamente para a degradação ambiental (Swapinil, et al., 2022). A falta de uma consideração holística dos princípios de sustentabilidade na sua conceção e construção leva à perda de oportunidades de incorporação da eficiência hídrica, da redução de resíduos e de materiais amigos do ambiente.

Em resposta aos desafios ambientais colocados pelos edifícios convencionais, os princípios da construção verde enfatizam o uso de materiais de construção orgânicos feitos a partir de recursos naturais, como madeira e tijolos, para minimizar os danos ao meio ambiente (Daramola et al., 2012; Nduka e Ogunsanmi, 2015; Liu, 2022). A adoção de conceitos ecológicos e sustentáveis na conceção visa reduzir os custos de energia e de manutenção, melhorar o bem-estar dos ocupantes e aumentar a eficiência global do edifício (Rina, et al., 2023).

Embora vários investigadores tenham sublinhado as vantagens dos edifícios verdes em relação às estruturas convencionais (Ajayi, et al., 2023; Opoko, 2022; Zhang, et al., 2019; Girgiri, et al., 2021; Imakwu, 2022; Cao, et al., 2022), persistem lacunas na compreensão do assunto. Os estudos anteriores podem não ter abordado de forma abrangente certos aspectos das práticas de construção ecológica, necessitando de mais investigação para contribuir para o campo em evolução.

As lacunas identificadas na investigação existente incluem um enfoque limitado em aspectos ambientais específicos, atenção insuficiente ao contexto cultural, exploração limitada das inovações tecnológicas, falta de estudos longitudinais, avaliação inadequada da viabilidade económica e exploração limitada dos quadros políticos e regulamentares. A resolução destas lacunas através de esforços de investigação rigorosos e interdisciplinares contribuirá para uma compreensão mais abrangente das práticas de construção ecológica, facilitando o desenvolvimento de estratégias eficazes para a construção sustentável na Nigéria e não só.

Esta investigação tem como objetivo colmatar lacunas significativas na compreensão e sensibilização para as práticas de construção ecológica em Warri e na Nigéria. As lacunas identificadas incluem a falta de sensibilização da população para as vantagens da construção ecológica, a perceção da complexidade que impede a adoção e o reconhecimento limitado do potencial transformador em termos de sustentabilidade ambiental, viabilidade económica e bem-estar dos ocupantes. Ao destacar estas lacunas, o estudo procura contribuir para uma educação e sensibilização generalizadas, promovendo uma abordagem mais informada e recetiva às iniciativas de construção ecológica na Nigéria. O objetivo final é colmatar estas lacunas e promover um futuro sustentável e eco-consciente para as práticas de construção na região.

2.0 EDIFÍCIOS VERDES

Os edifícios ecológicos, também conhecidos como edifícios sustentáveis ou construção ecológica, têm por objetivo minimizar o impacto negativo no ambiente e, ao mesmo tempo, melhorar o bem-estar dos ocupantes. Este capítulo explora as várias definições de edifícios verdes, a necessidade premente da sua adoção, as suas caraterísticas definidoras e os inúmeros benefícios que oferecem. A discussão também se debruça sobre as perspectivas globais e locais das práticas de construção ecológica e a sua importância na mitigação dos efeitos adversos das alterações climáticas.

Definir o que constitui um edifício ecológico pode ser um desafio devido às diferentes perspectivas e critérios existentes nas várias regiões. O World Green Building Council (WorldGBC), uma rede global de conselhos de construção ecológica em mais de 70 países, reconhece que as práticas de construção ecológica são influenciadas pelas condições históricas, culturais, climáticas e socioeconómicas únicas de cada país. De acordo com o WorldGBC, um edifício ecológico tem um impacto positivo no ambiente e no clima ao longo do seu ciclo de vida. Esta definição abrangente engloba vários aspectos, incluindo a eficiência energética, a conservação de recursos e a saúde dos ocupantes.

Ao longo dos anos, os investigadores têm apresentado diversas definições. Alguns definem os edifícios verdes como estruturas que minimizam ou eliminam os impactos negativos no clima e no ambiente através da sua conceção, construção e funcionamento. Outros salientam a necessidade de tecnologias de construção sustentáveis que não perturbem o equilíbrio ecológico e utilizem eficazmente os recursos disponíveis.

A necessidade de edifícios ecológicos tornou-se cada vez mais evidente no século XXI devido ao impacto ambiental significativo do sector da construção. Em 2020, os edifícios foram responsáveis por 37% das emissões globais de CO2 relacionadas com a energia e por 36% do consumo global de energia na utilização final. As actividades de construção contribuem para a poluição do ar e da água, com o sector da construção a produzir quantidades significativas de emissões de PM10 e outros poluentes.

Os edifícios ecológicos oferecem uma estratégia crucial para atenuar estes impactes ambientais. Proporcionam respeito pelo ambiente, eficiência energética, redução da poluição, ambientes de vida saudáveis e experiências de utilização confortáveis ao longo do seu ciclo de vida. Dado que as alterações climáticas colocam desafios crescentes, a adoção de práticas de construção ecológica torna-se essencial para o desenvolvimento sustentável e a preservação do ambiente.

Os edifícios ecológicos reduzem significativamente o impacto ambiental das actividades de construção. Aumentam a eficiência energética, reduzem as emissões de CO2 e conservam os recursos. A utilização sustentável dos solos e os materiais de construção com baixo teor de carbono contribuem ainda mais para a preservação do ambiente e da biodiversidade urbana.

Os edifícios ecológicos oferecem vantagens económicas substanciais, incluindo custos de ciclo de vida mais baixos, despesas de manutenção e funcionamento reduzidas e poupanças de energia. Aumentam o valor dos imóveis, apoiam a criação de emprego no sector da construção e proporcionam uma vantagem competitiva no mercado.

Caraterísticas dos edifícios ecológicos

Paredes

As paredes de edifícios ecológicos podem ser construídas com vários materiais para além do betão convencional ou dos blocos de cimento. Estas alternativas incluem a palha, a terra batida, o vidro e a madeira, cada um oferecendo benefícios ambientais únicos.

Madeira

A madeira é o principal elemento estrutural dos edifícios de habitação. É um recurso sustentável e renovável com um longo historial de utilização. No entanto, as práticas de colheita sustentáveis e as considerações relativas a infestações de térmitas ou problemas de humidade são cruciais para garantir a longevidade da madeira e os seus benefícios ambientais.

Palha

A palha é um material natural colhido nos campos que oferece excelentes propriedades de isolamento, contribuindo para a regulação das temperaturas interiores.

Painel estrutural isolado para construção (SIP)

Os SIPs são painéis de construção compostos por espuma isolante ensanduichada entre dois revestimentos estruturais, tais como OSB (oriented strand board) ou madeira projectada. Estes painéis proporcionam eficiência energética e resistência estrutural, tornando-os uma escolha versátil para a construção de edifícios ecológicos.

Janelas e portas

As janelas e portas têm um impacto significativo na eficiência energética de um edifício. As opções incluem janelas e portas de madeira, janelas e portas de vidro, vidro duplo e vidro de controlo solar. Estes materiais e designs melhoram a iluminação natural, reduzem a perda de calor e apoiam a eficiência energética.

Recursos de iluminação

A luz do dia, a prática de utilizar a luz solar natural para a iluminação, é um dos principais objectivos da conceção de edifícios ecológicos. As lâmpadas de energia solar eficientes e os sistemas de iluminação sensíveis ao movimento reduzem ainda mais o consumo de energia. As lâmpadas fluorescentes compactas (CFL) e os díodos emissores de luz (LED) são as escolhas preferidas devido à sua eficiência.

Coberturas

Os materiais de cobertura ecológicos, como os telhados verdes, os telhados castanhos, os telhados frios e os telhados verdes ao nível do solo, oferecem benefícios de sustentabilidade a longo prazo. Estes materiais melhoram o isolamento, reduzem o escoamento das águas pluviais e promovem a biodiversidade urbana.

3.0 ANÁLISE DOS TRABALHOS ANTERIORES

O conceito de construção ecológica ganhou força significativa nas últimas décadas, à medida que a necessidade de práticas de construção sustentáveis e amigas do ambiente se tornou cada vez mais evidente. Esta mudança é motivada pela necessidade urgente de enfrentar as alterações climáticas, reduzir o consumo de energia e minimizar os impactes ambientais associados aos métodos de construção tradicionais. A construção ecológica tem como objetivo criar estruturas eficientes em termos de recursos e ambientalmente responsáveis ao longo do seu ciclo de vida, desde a conceção e construção até ao funcionamento, manutenção e eventual demolição.

Em 2006, Abbaszadeh e colegas prepararam o terreno para compreender o impacto das práticas de construção ecológica na satisfação dos ocupantes, centrando-se particularmente na qualidade do ambiente interior. O seu estudo comparou edifícios de escritórios ecológicos e não ecológicos, revelando que os edifícios ecológicos proporcionavam níveis mais elevados de conforto térmico e de qualidade do ar. Esta investigação inicial salientou os benefícios tangíveis das técnicas de construção ecológica, como a melhoria da ventilação, a remoção de poluentes e estratégias eficazes de iluminação natural, que contribuem coletivamente para um maior bem-estar dos ocupantes.

Partindo desta base, Sinha, Gupta e Kutnar (2013) exploraram a relação mais alargada entre os edifícios ecológicos e o desenvolvimento sustentável, salientando a importância da integração de práticas ecológicas na conceção e construção de edifícios. A sua investigação sublinhou a necessidade de desenvolver sistemas de classificação de edifícios ecológicos e de adotar materiais sustentáveis, abrindo caminho a abordagens mais abrangentes e holísticas da construção.

O foco na eficiência energética tornou-se particularmente proeminente em estudos como o de Ramesh e Emran (2013), que examinaram o contexto indiano. Identificaram oportunidades significativas para a redução do consumo de energia e das emissões de gases com efeito de estufa através de práticas de construção ecológicas, salientando o alinhamento das iniciativas governamentais e do sector privado para atingir estes objectivos.

Nos anos seguintes, assistiu-se a um aumento da investigação que explorou várias facetas da construção ecológica, desde os benefícios económicos destacados por Nalewaik e Venters (2014) até às percepções dos profissionais da construção estudados por Nduka e Ogunsanmi (2015). Estes estudos apontam consistentemente para a poupança de custos a longo prazo, a melhoria do desempenho humano e o aumento do prestígio associado aos projectos de edifícios sustentáveis.

Numa investigação mais recente, Darko, Chan e colegas (2017) centraram-se na adoção de tecnologias de construção ecológica (GBT) no sector da habitação dos Estados Unidos, identificando os principais motores e salientando a importância da paciência para a concretização dos benefícios a longo prazo destas tecnologias. Do mesmo modo, Oyebode (2018) destacou o potencial de sustentabilidade ambiental dos edifícios verdes na Nigéria, chamando a atenção para os efeitos adversos das práticas de construção convencionais e para a necessidade de iniciativas no domínio das energias renováveis.

Outros estudos, como o de Zhang et al. (2019), ofereceram análises abrangentes das práticas globais de construção ecológica, enquanto Girgiri et al. (2021) e Bon-Gang Hwang e Jac See Tan (2021) se debruçaram sobre a consciencialização e os desafios associados à construção ecológica. Estes estudos sublinham coletivamente a natureza multifacetada da construção verde e a importância do apoio político, da inovação tecnológica e das iniciativas educativas na promoção de práticas sustentáveis.

Investigações mais recentes de Kotak e Sarangdhar (2021) e Imakwu (2022) continuam a explorar materiais de construção ecológicos inovadores e as perspectivas de adoção de estratégias de construção ecológica em regiões específicas. Opoko et al. (2022) e Ajayi et al. (2023) alargam ainda mais este discurso, examinando a sensibilização e a implementação de tecnologias de construção ecológica entre os arquitectos e propondo respostas estratégicas aos impactos das alterações climáticas nos edifícios.

Esta análise exaustiva de estudos anteriores não só destaca a evolução das práticas de construção ecológica, como também sublinha a importância crítica da investigação e implementação contínuas para alcançar a sustentabilidade ambiental e a resiliência no ambiente construído.

4.0 MATERIAIS E MÉTODO

4.1A área de estudo

No sul da Nigéria, a cidade de Warri, representada na Figura 1.0, serve de centro de produção petrolífera e alberga uma sucursal da Casa do Governo do Estado do Delta. A cidade situa-se nas coordenadas 5°34'47" N, 5°41'28" E. Tem uma população de 311 970 habitantes e funciona como centro comercial do estado. A região tem um clima de monção com estações secas e húmidas, níveis moderados de precipitação e humidade. A área tem um clima tropical de monção, caracterizado por uma temperatura média anual de 32,8°C e 2970 mm de precipitação. Normalmente, varia entre 28 e 32 graus Celsius. A cobertura vegetal predominante na zona é constituída por pântano e floresta tropical (Swapnil, D.S; Mayuri, S.K; Prithviraj, S.D; Rutuja, G; e Rahul, K. (2022))

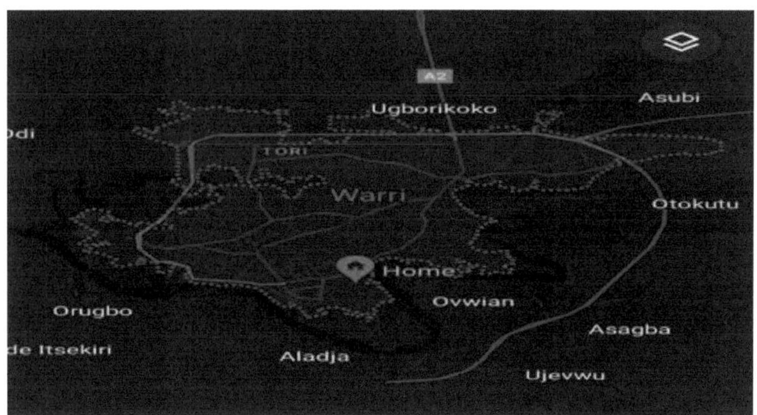

Figura 1.0: Mapa Google da cidade de Warri (EDC), PIND-EDC Drive, Egbokodo-Itsekiri, Warri, Estado do Delta, Nigéria

4.2 Seleção do local e investigação

O local selecionado foi o Centro de Desenvolvimento de Tecnologias Apropriadas (ATED) Figura 2. O Centro está situado nas instalações do Centro de Desenvolvimento Económico do PIND. O local foi selecionado para ser considerado e investigado para um estudo sobre edifícios ecológicos devido às suas caraterísticas únicas e ao seu potencial para contribuir com conhecimentos valiosos para este domínio. Sendo um edifício ecológico existente, constitui um exemplo real de construção sustentável e de tecnologias energeticamente eficientes, oferecendo um estudo de caso prático para os investigadores analisarem o seu desempenho e impacto no ambiente. Além disso, a conceção inovadora do local, a utilização de recursos renováveis e as práticas sustentáveis tornam-no ideal para estudar os benefícios a longo prazo dos edifícios ecológicos e o seu potencial para reduzir as pegadas de carbono. Ao estudar este local, pretendeu-se identificar as melhores práticas que podem promover ainda mais a construção ecológica e inspirar futuros projectos sustentáveis.

O edifício do Centro de Tecnologias Apropriadas para o Desenvolvimento (ATED) atinge uma redução de 75% no consumo de energia em comparação com os edifícios convencionais. Para atingir este objetivo, foi necessário modelar o edifício com base no conceito de casa passiva, garantindo o conforto térmico durante todo o ano com um gasto mínimo de energia. O projeto do Centro de Demonstração ATED envolveu empreiteiros locais e consultores nacionais e internacionais para criar um edifício único e energeticamente eficiente que também utiliza fontes de energia renováveis. O projeto oferece uma oportunidade de experimentar em primeira mão o que pode ser um edifício energeticamente eficiente. O aproveitamento deste investimento permitiu-lhes partilhar os seus conhecimentos, aumentar a sensibilização, recolher dados e motivar a mudança de atitudes e práticas no sector da construção, na procura dos consumidores e nas políticas governamentais.

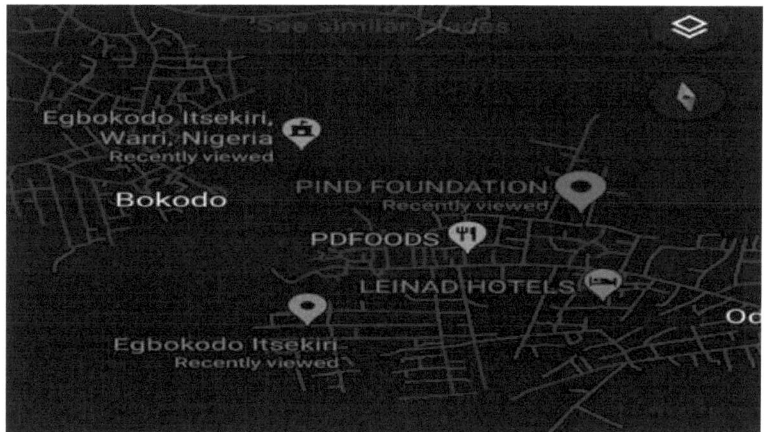

Figura 2: Localização no mapa Google da Fundação PIND (PIND-EDC Drive, Egbokodo-tsekiri, Warri, Estado do Delta, Nigéria)

4.3 Caraterísticas do centro ATED

I. Um Biodigestor que converte os resíduos humanos e alimentares em gás para cozinhar, como mostra a Figura 4f.

II. Um aquecedor solar de água que ajuda a reter a energia e a aquecer a água para utilização nas cozinhas Figura 4d

III. Blocos Hydraform que proporcionam arrefecimento Figura 4a, b, c, e g

IV. Sistema de recolha de águas pluviais, como indicado na figura 4d

V. Painel solar para complementar as fontes de energia tradicionais (Figura 4e)

4.4. Preparação do modelo

O modelo de investigação do edifício foi preparado em ArchiCAD 2D e 3D home deluxe com recursos de energia renovável implementados na sua modelação. Apresentam-se de seguida os modelos simulados.

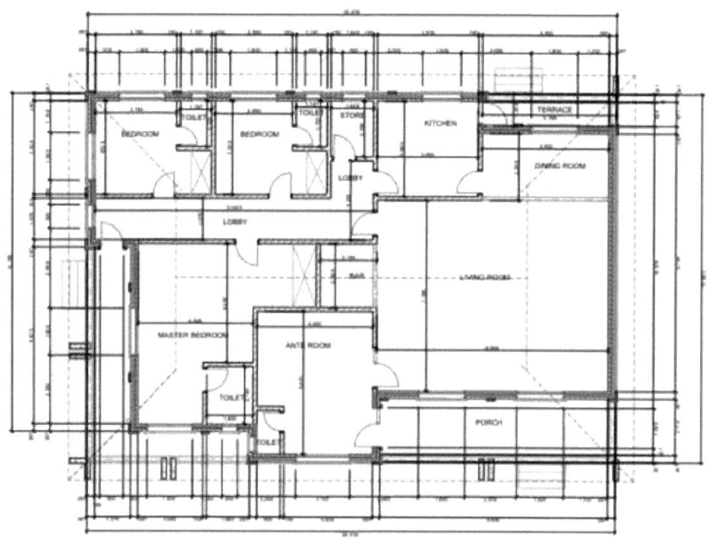

Figura 3a: Planta de implantação 2D

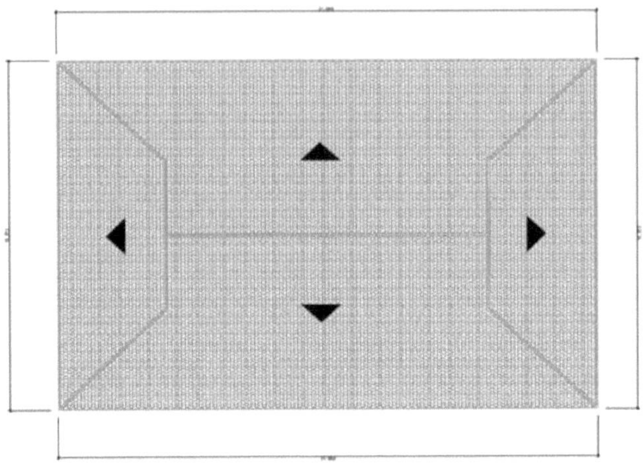

Figura 3b: Plano de cobertura 2D

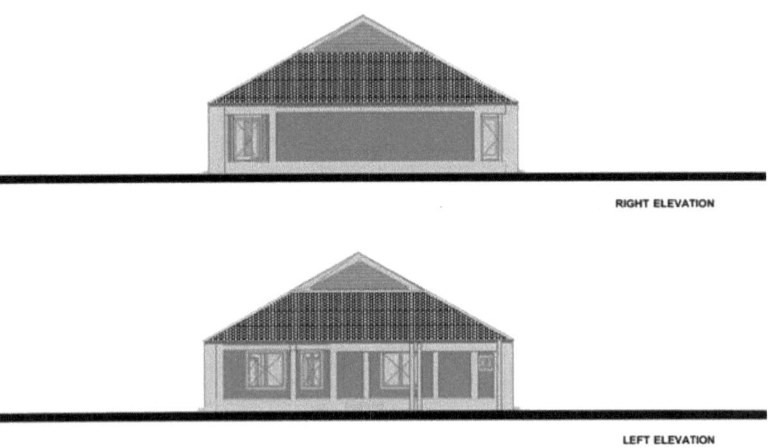

Figura 3c: Elevação 2D direita e esquerda

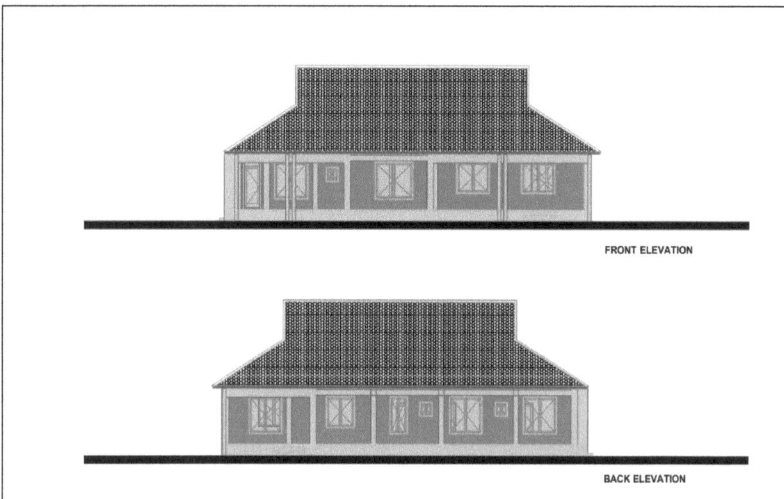

Figura 3d: Alçado 2D à frente e atrás

Figura 3e: Vista 3D

4.5 Sistemas de classificação de edifícios verdes:

Os sistemas de classificação de edifícios ecológicos como o BREEAM (Building Research Establishment's Environmental Assessment Method) e o LEED (Leadership in Energy and Environmental Design) são fundamentais para promover práticas de construção sustentáveis. Embora os países desenvolvidos possam ter mais facilidade em adotar estes sistemas devido aos seus recursos e infra-estruturas, os países em desenvolvimento podem necessitar de versões adaptadas ou simplificadas para ultrapassar os obstáculos financeiros e técnicos. Um sistema de classificação unificado pode facilitar a avaliação comparativa e o acompanhamento dos progressos, mas a flexibilidade e a adaptação local são essenciais para uma adoção generalizada e eficaz.

Preocupações contextuais com os sistemas de classificação de edifícios verdes (GBRS)

À medida que o desempenho ambiental se torna cada vez mais importante na conceção e construção de edifícios, aumenta a necessidade de sistemas que possam avaliar esse desempenho. Estes sistemas fornecem normas para avaliar os edifícios, conduzindo a uma pontuação ou classificação que mostra as suas credenciais ambientais. Esta classificação promove uma imagem sustentável e permite comparações entre tipos de edifícios semelhantes. Embora muitos programas de avaliação tenham começado por ser voluntários, há uma tendência para a classificação e avaliação obrigatórias em alguns países para complementar os requisitos legais (Bougdah e Sharples, 2010).

De acordo com Fowler e Rauch (2006), um sistema unificado de classificação de edifícios sustentáveis num país permite comparações e aferição das estruturas actuais. Ajuda também a monitorizar os progressos dos edifícios públicos no sentido de uma conceção e funcionamento ideais para os seus utilizadores.

Principais sistemas de classificação de edifícios verdes

4.5.1. BREEAM

Visão geral:

Origem: Desenvolvido em 1990 para o mercado britânico da construção.

Administração: Gerido pelo BRE Global Sustainability Board, composto por partes interessadas do sector da construção do Reino Unido, com supervisão do BRE Global Governing Body e do UK Accreditation Service (UKAS).

Instrumentos de avaliação:

Conceção e aquisição (D&P): Utilizado durante a fase de projeto de novas construções ou remodelações.

Revisão pós-construção (PCR): Confirma a avaliação de D&P após a conclusão do trabalho.

Gestão e Operação (M&O): Avalia o desempenho do edifício durante o funcionamento.

Fit-Out: Utilizado durante renovações significativas.

Critérios de classificação:

Categorias: Os edifícios são avaliados em dez categorias.

Pontuação: Os créditos são atribuídos em cada categoria, ponderados em função da importância ambiental, conduzindo a uma pontuação global e a uma classificação por estrelas (1-5 estrelas).

Vantagens:

Aferição de desempenhos e comparação de diferentes estruturas.

Avaliação independente.

Adaptado aos contextos jurídicos e culturais europeus e britânicos.

Pode avaliar qualquer estrutura utilizando uma versão à medida.

Desafios:

Requisitos rigorosos e sistema de pesagem complexo.

Requer um perfil de mercado e tem custos de conformidade elevados.

4.5.2. LEED

Visão geral:

Origem: Introduzido em 1998 por Robert Watson do US Green Building Council (USGBC).

Âmbito: Um conjunto de sistemas de classificação para edifícios ecológicos de elevado desempenho, incluindo casas e comunidades.

Sistema de avaliação:

Sistema baseado em pontos: Os edifícios recebem pontos por cumprirem os critérios de construção ecológica, com pontos de bónus por abordarem questões ambientais regionais.

Categorias: Sítios sustentáveis, eficiência hídrica, energia e atmosfera, materiais e recursos, qualidade ambiental interior e inovação na conceção/operação.

Processo de certificação:

Registo: Os projectos devem registar-se no Green Building Certification Institute (GBCI) para terem acesso a ferramentas e recursos.

Vantagens:

Baseado nas normas americanas ASHRAE.

Amplamente utilizado pelas agências federais e estatais dos EUA.

Cobertura abrangente de vários tipos e fases de construção.

Desafios:

Exigência de documentação em papel, rígida e intensa.

A certificação pode ser dispendiosa e demorada.

Falta de avaliação do ciclo de vida.

Não há auditoria independente da avaliação.

Dificuldade em avaliar as funções e formas primárias dos edifícios.

Aplicação

Países desenvolvidos:

Contexto: Os países desenvolvidos dispõem frequentemente das infra-estruturas, dos recursos financeiros e dos quadros regulamentares necessários para apoiar a aplicação de sistemas abrangentes de classificação de edifícios ecológicos, como o BREEAM e o LEED.

Adoção: Elevadas taxas de adoção devido a incentivos governamentais, objectivos de sustentabilidade das empresas e sensibilização do público.

Desafios: Os elevados custos de conformidade e a documentação complexa podem constituir obstáculos para os projectos mais pequenos ou para as entidades menos sólidas do ponto de vista financeiro.

Países em desenvolvimento:

Contexto: Os países em desenvolvimento podem enfrentar desafios como recursos financeiros limitados, falta de conhecimentos técnicos e quadros regulamentares insuficientes.

Adoção: Taxas de adoção mais baixas devido aos elevados custos e à complexidade dos sistemas de classificação existentes. As adaptações locais ou versões simplificadas podem ser mais práticas.

Desafios: Falta de sensibilização e de incentivos, custos iniciais mais elevados e necessidade de reforço das capacidades e de apoio técnico.

5.0 RESULTADOS E DISCUSSÃO

5.1. Conclusões da visita ao local

A realização de uma visita ao local de um edifício ecológico situado em Warri proporcionou uma oportunidade para explorar em primeira mão as tecnologias e caraterísticas inovadoras integradas na construção sustentável. Durante a visita, foi efectuado um exame minucioso das infra-estruturas do edifício e foram realizadas entrevistas com o Diretor do Departamento de Energia, que supervisiona as iniciativas sustentáveis do local. Estas experiências imersivas revelaram-se fundamentais para a aquisição de conhecimentos práticos e para uma apreciação mais profunda das complexidades envolvidas na conceção e implementação de edifícios ecológicos. Utilizando estes conhecimentos valiosos, foi meticulosamente elaborado um modelo 2D e 3D pormenorizado de um edifício ecológico, servindo como representação tangível dos princípios explorados ao longo deste estudo.

5.2 . Discussão das caraterísticas

A exploração de vários elementos, incluindo a estrutura, a cobertura, o isolamento, a estanquidade ao ar, a qualidade do ar, as janelas, os tijolos hidroformados, as energias renováveis, o biodigestor e o sistema de recolha de águas pluviais (ver Figura 4), foi realizada para avaliar o seu impacto coletivo no aumento da eficiência e do conforto globais do edifício. O objetivo era examinar a sua aplicabilidade em diversos contextos de construção, com o objetivo de inspirar inovações rentáveis adequadas para adoção na região do Delta do Níger e em toda a Nigéria.

a. Estrutura Vista lateral

b. Estrutura Vista frontal

c. Coberturas e obras de tijolo

d. Abastecimento e armazenamento de água

e. Painéis solares

f. Biodigestor

g. Alpendre, janelas e teto *h. Área de receção*

Figura 4: Caraterísticas do centro ATED

5.2.1. Estrutura

Saliências invulgarmente grandes sombreiam as varandas e as paredes Figura 4 a, b e c. As paredes mantêm-se mais frescas, pelo que é necessária menos energia para arrefecer o ar no interior.

5.2.2. Cobertura de telhados

O telhado tem grandes aberturas de ventilação e o teto sobre as varandas é aberto figura 4 c. As telas impedem a entrada de insectos e roedores, mas o ar pode passar facilmente. Com ar fresco, a temperatura no interior do telhado é próxima da temperatura exterior. A temperatura diurna debaixo de um telhado metálico médio em Warri pode ultrapassar os 70°C, o que aquece o ar dentro de casa. Manter o espaço do telhado mais fresco significa menos arrefecimento mecânico para manter todos confortáveis. O posicionamento do edifício ajuda o sistema de ventilação, captando o vento predominante à medida que este atravessa o local.

5.2.3. Isolamento

O isolamento foi utilizado no teto e nas paredes das figuras 4c, g e h, actuando como uma barreira à transferência de calor. Tal como o congelador da sua casa, que tem isolamento nas paredes para manter o frio dentro e o calor fora, o isolamento no teto e nas paredes deste edifício mantém o frio dentro e o calor fora.

Uma vez arrefecido o ar, este mantém-se fresco durante mais tempo, reduzindo o consumo de energia do ar condicionado. A espuma de poliuretano em spray da BASF foi utilizada para isolar e proporcionar uma barreira hermética, mantendo o ar arrefecido no interior e reduzindo a necessidade de ar condicionado.

5.2.4. Estanquidade e qualidade do ar

A estanquidade ao ar parece invulgar, mas faz sentido. O interior do edifício é tão hermético quanto possível para impedir a entrada de ar quente e húmido e a saída de ar frio e seco.

Este edifício tem um sistema de permuta de ar muito eficiente. O ar exterior é trazido para dentro, ligeiramente arrefecido e desumidificado antes de circular por todo o edifício. O ar de exaustão é devolvido ao exterior, mas a sua frescura e secura são captadas à saída.

5.2.5. Janelas

As janelas devem irradiar luz para o interior sem trazer calor figura 4c e g. As janelas grandes e de melhor qualidade utilizam vidros duplos com gás inerte no meio, para manter o calor fora e o frio dentro, enquanto iluminam o interior. Isto tem o valor acrescentado de reduzir a necessidade de iluminação eléctrica. Todas as janelas podem ser abertas para tirar partido das alterações sazonais e diárias do clima. As três inovações também reduzem a transmissão de som, criando um espaço de trabalho/vida mais silencioso.

5.2.6. Tijolos Hydraform

Os blocos Hydraform foram utilizados para construir as paredes das figuras 4a, b, c, d, g e h. São feitos de laterite disponível localmente (90%) e um pouco de cimento (10%). Formas hidráulicas simples comprimem a laterite e o cimento para criar blocos de construção atractivos, duradouros e amigos do ambiente. Em termos de isolamento térmico, são três vezes mais eficientes do que os blocos de betão e duas vezes mais eficientes do que os tijolos de barro cozido.

5.2.7. Energias renováveis

O sistema de energia para este edifício é uma mistura de energia solar, eólica, eletricidade convencional e gerador diesel de reserva Figura 4g. Os painéis solares oferecem um complemento fiável às fontes de energia tradicionais. A energia solar e a energia eólica são fontes renováveis: energia proveniente de recursos que são naturalmente reabastecidos numa escala temporal humana, como a luz solar, o vento, a chuva, as marés, as ondas e o calor geotérmico.

5.2.8. Biodigestor

Este projeto tem também um biodigestor Figura 4f. O biodigestor, que pode ser utilizado com autoclismo, autoclismo de descarga ou sanita seca, recolhe os resíduos humanos e orgânicos do local e decompõe-os numa câmara hermética. Daí resulta o biogás (utilizado na cantina para cozinhar) e o fertilizante (utilizado no local para enriquecer o solo). O biodigestor também capta o gás metano libertado durante o processo de compostagem. O biocombustível produzido pelo digestor pode ser utilizado para gerar energia, cozinhar e fornecer iluminação. Transformar resíduos em combustível é outro exemplo de conservação de recursos preciosos.

5.2.9. Sistema de recolha de águas pluviais

A recolha de água da chuva é uma tecnologia simples e adequada para recolher a água da chuva em terrenos com escassez de abastecimento de água figura 4d. No Centro ATED, a água é canalizada diretamente para a descarga das casas de banho.

Em conclusão, o Centro ATED constitui um exemplo prático e real de práticas de construção sustentáveis e tecnologias energeticamente eficientes, servindo como um valioso estudo de caso para investigadores e um farol de desenvolvimento sustentável no domínio da construção ecológica. O Centro ATED está em conformidade com numerosos requisitos LEED relativos à qualidade ambiental interior (IEQ), dando prioridade à saúde, ao conforto e ao bem-estar dos seus ocupantes

6.0. CONCLUSÃO

Este estudo destaca a forma como as práticas de construção ecológica, através de concepções e tecnologias inovadoras, criam ambientes interiores que favorecem a saúde, o conforto e o bem-estar geral dos ocupantes, defendendo fortemente a sua adoção na construção residencial e comercial.

REFERÊNCIAS

Ajayi, B. F., Okolie, K. C., and Ekekezie, C. U. (2023) Adopting Green Building Concept to Mitigate the Effects of Climate Change on Residential Buildings in Ondo State, Nigeria. Revista Internacional de Investigação e Análise Multidisciplinar. Vol. 06 Issue 06. pp. 2388-2403

Cao, Y.; Xu, C.; Kamaruzzaman, S.N.; e Aziz, N.M. (2022). Uma revisão sistemática do desenvolvimento de edifícios verdes na China: Advantages, Challenges and Future Diretions. Sustainability. Vol. 14, 12293.

Celik, B. e Sharmin, A. (2013). "Analytic Hierarchy Process: An application in Green building market research". Revisão internacional de gestão e marketing. Vol. 3. No. 3. pp 122-133

Daramola, A; Adebayo, T; e Alabi, D. (2012). Arquitetura Verde e Desenvolvimento Sustentável na Nigéria. Jornal de Desenvolvimento Sustentável e Proteção do Ambiente. Vol 2(2), pp 95-101.

Gelan, E. (2023). Conceitos e tecnologias de construção verde na Etiópia: The Case of Wegagen Bank Headquarters. Building. Technologies, Vol. 11, Issue 2. https://doi.org/10.3390/technologies11010002

Girgiri, M. B., Olatunde, Z. B., e Omilola, A. H. (2021). Exame da Consciência do Praticante sobre Sustentabilidade na Indústria da Construção no Estado de Yobe. Jornal acadêmico africano de desenvolvimento sustentável africano (JASD-2) Vol. 22 No. 2. ISSN: 2010-1086

Hamilton, I.; Rapf, O.; Kockat, D.J.; Zuhaib, D.S.; Abergel, T.; Oppermann, M.; e Nass, N. (2020) Global Status Report for Buildings and Construction; Programa das Nações Unidas para o Ambiente: Nairobi, Quénia.

Imakwu Verónica Nkechi. (2022). Perspectivas de Adoção de Estratégias de Construção Verde na Metrópole de Abakaliki do Estado de Ebonyi, Nigéria. Revista da África Ocidental de Investigação Industrial e Académica Vol.23 No2.

Instituto Nórdico de Investigação Africana (2019). O desenvolvimento sustentável requer energia verde acessível. Disponível em: https://nai.uu.se/news-and-events/news/2019-04-03-sustainable-development-requires-affordable-green-energy.html

Liu, X. (2022). Sistema de gestão de construção ecológica para projectos de construção. In Proceedings of the 2nd International Conference on E-Business and E-Government, ICEE 2011, IEEE Computer Society, Shanghai, China; pp. 2290-2293.

Nduka, O.D. e Ogunsanmi, O. E. (2015). Perceção dos profissionais da construção sobre a consciência da construção verde e benefícios acumulados em projectos de construção na Nigéria. Jornal Pacto de Investigação no Ambiente Construído (CJRBE) Vol.3, No.2.

Nwokoro, I.; e Onukwube, H. (2011) Construção "sustentável ou verde" em Lagos, Nigéria: princípios, atributos e enquadramento. Jornal de Desenvolvimento Sustentável Vol. 4, No.4

Opoko A. P. (2022). Investigação da Consciência dos Arquitectos sobre as Tecnologias de Construção Verde na Metrópole de Lagos IOP Conference Series: Earth and Environmental Science Vol. 1054 012021.

Rina, M.M; Iskandar, M.P; Irma, W; e Btari, M.P (2023). Desenvolvimento de Avaliação de Edifícios Verdes para Capacitação de Estudantes de Engenharia Civil para Realizar o Programa de Desenvolvimento Sustentável Studi Teknik Sipil, FPTK, Universitas Pendidikan Indonesia. JIPTEK: Jornal de Engenharia Civil da Indonésia Vol. 16, Número 1

Swapnil, D.S; Mayuri, S.K; Prithviraj, S.D; Rutuja, G; e Rahul, K. (2022). Construção verde e implementação de fontes de energia renováveis. Revista Internacional de Investigação em Ciência Aplicada e Tecnologia de Engenharia (IJRASET). Vol. 10, Issue, 4.

Cidades e aldeias. (2023) Powered by Astra WordPress Theme. Disponível em:

https://townsvillages.com/ng/warri-central/

USGBC. Guia de Referência LEED para a Conceção e Construção de Edifícios V4; USGBC: Washington, DC, EUA, 2013

Zhang, Y.; Wang, H.; Gao, W.; Wang, F.; Zhou, N.; Kammen, D.M.; e Ying, X. (2019). Revisão; Uma pesquisa sobre o status e os desafios do desenvolvimento de edifícios verdes em vários países.

APÊNDICE

QUADRO REGULAMENTAR E JURÍDICO

Quadro regulamentar e jurídico

Os quadros regulamentares e legais na Nigéria consistem em sistemas estruturados de leis, regulamentos e instituições que supervisionam a gestão, conservação e proteção do ambiente. Estes quadros são estabelecidos pelas autoridades competentes para garantir a ordem, a responsabilidade e a proteção ambiental para o interesse público. Incluem disposições para a avaliação, monitorização e aplicação ambiental relacionadas com projectos de desenvolvimento. O quadro regulamentar compreende diversos elementos, incluindo pormenores específicos sobre agências responsáveis, procedimentos e requisitos, bem como convenções e tratados internacionais adaptados localmente para se alinharem com as melhores práticas globais e abordarem considerações ambientais e sociais únicas na Nigéria.

Ministério Federal do Ambiente

O Ministério Federal do Ambiente (FMEnv), criado em 1999, é a mais alta autoridade ambiental da Nigéria. Está encarregado de tratar das questões ambientais e de coordenar todas as questões ambientais no país. O ministério tem por objetivo controlar as questões ambientais, proteger e conservar os recursos naturais e formular políticas para travar a desertificação, a desflorestação, gerir as inundações, a erosão, a poluição e combater as alterações climáticas e a energia limpa.

O FMEnv formula e implementa políticas, regulamentos e programas relacionados com a proteção ambiental, a conservação e o desenvolvimento sustentável. Desempenha várias funções, incluindo a resolução de crises ambientais nacionais, como a desertificação e a gestão de resíduos, a supervisão das iniciativas relativas às alterações climáticas e a aplicação de normas e regulamentos ambientais através das suas agências. Estas agências incluem o Serviço Nacional de Parques (NPS), a Agência Nacional para a Grande Muralha Verde, a Agência Nacional de Deteção e Resposta a Derrames de Petróleo (NOSDRA) e a Agência Nacional de Aplicação de Normas e Regulamentos Ambientais (NESREA). As funções do ministério abrangem:

- **Formulação de políticas ambientais**: Desenvolvimento e implementação de políticas, estratégias e planos nacionais que abordem questões ambientais como as alterações climáticas, o controlo da poluição, a conservação da biodiversidade e o desenvolvimento sustentável.
- **Mitigação e adaptação às alterações climáticas**: Desenvolvimento de estratégias e acções para enfrentar os desafios das alterações climáticas, incluindo a redução das emissões de gases com efeito de estufa e a aplicação de medidas de adaptação à alteração das condições climáticas.

O FMEnv está mandatado para:

- Elaborar uma política nacional global de proteção do ambiente e de conservação dos recursos naturais, incluindo o controlo ambiental.
- Aconselhar o Governo Federal sobre as políticas e prioridades ambientais nacionais, a conservação dos recursos naturais, o desenvolvimento sustentável e as actividades científicas e tecnológicas que afectam o ambiente.
- Cooperar com os ministérios, agências, autoridades governamentais locais, órgãos estatutários e agências de investigação do Estado no domínio da proteção do ambiente e da conservação dos recursos naturais.
- Prescrever normas e regulamentos sobre a qualidade da água, limitações de efluentes, qualidade do ar, proteção atmosférica, proteção do ozono, controlo do ruído e remoção e controlo de substâncias perigosas.
- Acompanhar e aplicar medidas de proteção do ambiente.

Política nacional em matéria de ambiente

A Política Nacional do Ambiente foi formulada pelo Governo Federal da Nigéria em 1989 e lançada em 1991. Foi revista em 1999 e, mais tarde, em 2016. A política visa assegurar a proteção do ambiente e a conservação dos recursos naturais para o desenvolvimento sustentável. Inclui orientações para alcançar o desenvolvimento sustentável em catorze sectores críticos da economia, como a utilização das terras e a conservação dos solos, a gestão dos recursos hídricos, a vida selvagem e as zonas naturais protegidas, a gestão dos resíduos, a produção de energia e a poluição atmosférica. A política promove boas práticas ambientais através da sensibilização e da educação.

Lei relativa à avaliação do impacto ambiental (AIA) Cap E12 LFN 2004

A Lei da AIA, Cap E12 LFN 2004, impõe a realização de avaliações de impacto ambiental para todos os grandes projectos públicos e privados na Nigéria. A lei define os princípios gerais, os procedimentos e os métodos de AIA em vários sectores, atribuindo poderes específicos ao FMEnv para facilitar as avaliações ambientais. De acordo com a Secção 1 da Lei, os objectivos de qualquer AIA incluem

- Considerar os impactos prováveis e a extensão desses impactos no ambiente antes de iniciar qualquer projeto ou atividade.
- Estabelecer a extensão dos efeitos das actividades no ambiente antes de qualquer decisão tomada por indivíduos, autoridades, organismos

empresariais ou governos que pretendam empreender ou autorizar essas actividades.

- Promover a implementação de políticas adequadas em todas as terras federais, estados e áreas de governo local, de acordo com as leis e processos de tomada de decisão.
- Incentivar o desenvolvimento de procedimentos de intercâmbio de informações, notificação e consulta entre órgãos e pessoas quando as actividades propostas forem susceptíveis de ter efeitos ambientais significativos nos limites ou nas cidades ou aldeias fronteiriças.

A lei estipula que nenhum projeto do sector público ou privado pode ser iniciado sem a realização prévia de um estudo de AIA. O projeto proposto de reconstrução e desenvolvimento da autoestrada, sendo uma iniciativa de desenvolvimento importante, deve cumprir a Lei AIA devido aos seus potenciais impactos ambientais.

Ministério Federal das Obras Públicas e da Habitação

O Ministério Federal das Obras Públicas e da Habitação (FMWH) é responsável pela preparação dos orçamentos para a manutenção, reabilitação e construção de estradas federais na Nigéria. Gere e estabelece normas de conceção para as estradas federais e supervisiona a rede de auto-estradas nigerianas com base na Lei das Auto-estradas Federais de 1971. As responsabilidades do ministério incluem:

- Planeamento (incluindo investigação e conceção) de auto-estradas federais.
- Construção e manutenção.
- Controlo dos utentes da estrada.
- Regulamentação do tráfego.

O Governo Federal está empenhado em iniciativas orientadas para o sector privado, como o Regime de Crédito Fiscal para Infra-estruturas Rodoviárias (RITC), o fundo Sukuk e os Fundos Presidenciais de Desenvolvimento de Infra-estruturas (PIDF). A Comissão de Concessão Reguladora das Infra-estruturas (CCIR) está também a trabalhar em vários acordos de PPP em sectores como a aviação, a construção ferroviária e os portos.

Agência Federal de Manutenção Rodoviária (FERMA)

A FERMA, criada pela Lei FERMA n.º 7 de 2002, é o primeiro mecanismo institucional da Nigéria para monitorizar e manter todas as estradas federais. A agência opera através de doze gabinetes de direção zonal e trinta e oito gabinetes estatais para operações de campo eficazes. A

FERMA assiste o Ministério Federal das Obras Públicas na monitorização e manutenção de rotina das estradas em todo o país.

Comissão Federal de Segurança Rodoviária

A Comissão Federal de Segurança Rodoviária (FRSC), criada pela Lei FRSC de 2007, tem por missão regulamentar e manter a segurança rodoviária na Nigéria. As responsabilidades da FRSC incluem:

- Tornar as auto-estradas seguras para os condutores e outros utentes da estrada.
- Recomendar e aconselhar sobre obras e dispositivos destinados a eliminar ou minimizar os acidentes.
- Educar os condutores, os motoristas e o público em geral sobre a utilização correta das auto-estradas.

Comissão Reguladora das Concessões de Infra-estruturas

A Lei da Comissão Reguladora da Concessão de Infra-estruturas (CICR) de 2005 estabelece um quadro para a participação do sector privado na construção e manutenção de infra-estruturas federais. A CICV tem por objetivo acelerar o investimento nas infra-estruturas nacionais através do financiamento do sector privado e da criação de parcerias público-privadas (PPP) eficazes. A comissão regula e supervisiona as concessões privadas de estradas e outras infra-estruturas na Nigéria.

Quadro regulamentar e jurídico na Nigéria para edifícios verdes e obras de infra-estruturas

Visão geral

Os quadros regulamentares e legais na Nigéria consistem em sistemas estruturados de leis, regulamentos e instituições que supervisionam a gestão, conservação e proteção ambiental. Estes enquadramentos são essenciais para garantir que as obras de construção e infra-estruturas ecológicas são realizadas de forma sustentável, com um impacto negativo mínimo no ambiente. Incluem várias disposições, desde avaliações ambientais a regulamentos específicos que regem as práticas de construção.

Ministério Federal do Ambiente (FMEnv)

O Ministério Federal do Ambiente (FMEnv) desempenha um papel fundamental na regulamentação dos projectos de edifícios e infra-estruturas ecológicos. Criado em 1999, o FMEnv é a autoridade ambiental de topo na Nigéria, encarregado de abordar questões ambientais e coordenar todos os assuntos ambientais no país. As principais responsabilidades do FMEnv relevantes para os edifícios e infra-estruturas ecológicos incluem

- **Formulação de políticas ambientais**: Desenvolver e implementar políticas, estratégias e planos nacionais que abordem questões ambientais como o controlo da poluição, a conservação da biodiversidade e o desenvolvimento sustentável. Estas políticas promovem práticas de construção ecológicas, assegurando que as actividades de construção são amigas do ambiente e sustentáveis.

- **Mitigação e adaptação às alterações climáticas**: Desenvolvimento de estratégias e acções para enfrentar os desafios das alterações climáticas, incluindo a redução das emissões de gases com efeito de estufa. Isto tem um impacto direto na promoção de edifícios energeticamente eficientes e com baixas emissões.
- **Regulamentação e normas**: O FMEnv prescreve normas para a qualidade da água, limitações de efluentes, qualidade do ar, controlo do ruído e remoção de substâncias perigosas. Estas normas garantem que os edifícios verdes cumprem os regulamentos ambientais, promovendo assim ambientes de vida mais saudáveis e a sustentabilidade.

Política nacional em matéria de ambiente

A Política Nacional do Ambiente, formulada pela primeira vez em 1989 e revista em 1999 e 2016, visa assegurar a proteção do ambiente e a conservação dos recursos naturais para o desenvolvimento sustentável. A política inclui orientações para o desenvolvimento sustentável em sectores-chave, tais como:

- **Utilização das terras e conservação dos solos**: Incentivar a utilização de práticas sustentáveis no ordenamento do território e na gestão dos solos.
- **Gestão de recursos hídricos**: Promover a conservação e a utilização sustentável dos recursos hídricos, essencial para os edifícios ecológicos que incorporam tecnologias de poupança de água.
- **Produção de energia e poluição atmosférica**: Defender soluções de energia limpa e a redução da poluição atmosférica, o que está de acordo com os princípios da construção ecológica.

O documento político promove a sensibilização e a educação ambiental, incentivando as partes interessadas a adotar práticas de construção ecológicas.

Lei relativa à avaliação do impacto ambiental (AIA) Cap E12 LFN 2004

A Lei da AIA obriga a que todos os grandes projectos públicos e privados, incluindo edifícios ecológicos e obras de infra-estruturas, sejam submetidos a uma avaliação do impacto ambiental. O processo de AIA garante que os potenciais impactos ambientais sejam considerados antes da implementação do projeto. Os principais aspectos da Lei de AIA incluem:

- **Avaliação de Impacto**: Avaliar os impactos prováveis dos projectos propostos no ambiente e desenvolver medidas de mitigação para minimizar os efeitos adversos.
- **Participação do público**: Envolver as partes interessadas no processo de avaliação para garantir que as suas preocupações são tidas em conta.
- **Monitorização e aplicação**: Assegurar o cumprimento da regulamentação ambiental ao longo do ciclo de vida do projeto.

O cumprimento da Lei AIA é crucial para os edifícios ecológicos, uma vez que garante que a sustentabilidade é integrada no projeto desde o início até à conclusão.

Ministério Federal das Obras Públicas e da Habitação (FMWH)

O FMWH é responsável pelo planeamento, construção e manutenção de estradas e auto-estradas federais. O envolvimento do ministério em projectos de infra-estruturas inclui:

- **Planeamento e conceção**: Incorporação de princípios de conceção sustentável em projectos de estradas e auto-estradas.
- **Manutenção e supervisão**: Assegurar que as infra-estruturas são mantidas de forma sustentável, com um impacto ambiental mínimo.

- **Regulamentação do tráfego**: Implementação de medidas para reduzir o congestionamento do tráfego e as emissões, o que é essencial para as infra-estruturas verdes.

O FMWH também participa em parcerias público-privadas (PPP) para promover o desenvolvimento de infra-estruturas sustentáveis, tirando partido da experiência e do financiamento do sector privado.

Agência Federal de Manutenção Rodoviária (FERMA)

A FERMA tem por missão o controlo e a manutenção das estradas federais. O seu papel na infraestrutura verde inclui:

- **Monitorização de rotina**: Garantir que as práticas de manutenção de estradas são sustentáveis e amigas do ambiente.
- **Operações no terreno**: Implementação de práticas de manutenção ecológicas, tais como a utilização de materiais e tecnologias respeitadores do ambiente.

Comissão Federal de Segurança Rodoviária (FRSC)

A FRSC garante a segurança rodoviária e gere o tráfego. As suas responsabilidades em matéria de infra-estruturas verdes incluem

- **Gestão do tráfego**: Implementação de medidas para reduzir o congestionamento do tráfego e promover a utilização de transportes sustentáveis.
- **Educação e sensibilização**: Educar o público sobre a importância de uma utilização sustentável e segura das estradas.

Comissão de Regulamentação da Concessão de Infra-estruturas (CCI)

O CICV promove a participação do sector privado no desenvolvimento de infra-estruturas através de PPP. O seu papel inclui:

- **Regulamentação e supervisão**: Garantir que os projectos do sector privado aderem aos princípios de sustentabilidade e à regulamentação ambiental.
- **Investimento em infra-estruturas**: Incentivar o investimento em projectos de infra-estruturas ecológicas que resolvam o défice de infra-estruturas físicas da Nigéria de forma sustentável.

Printed by Books on Demand GmbH, Norderstedt / Germany